第9册

生活小题

数学超有趣

老渔／著

1

SPM
南方传媒 | 新世纪出版社
·广州·

前言

你们肯定想不到，在我小学时的一次数学考试中，我竟然拿到了103分！这可不是吹牛，我确实考出了比100分还多3分的成绩。这是怎么回事呢？事情是这样的：那次考试与以往不同，增加了20分"奥数附加题"。当时我第一次听到"奥数"这个词，并不理解它的含义，只记得"奥数附加题"很难，却很有趣，特别有挑战性。当我把全部附加题解答出来的时候，那种成就感，简直比玩一天游戏、吃一顿大餐还要快乐！

可以说我对数学和其他理科的兴趣，就是从解答奥数题开始的。越走近奥数，越能训练数学思维，这使我在面对小学数学，乃至初高中理科时更有信心。毕竟，大部分理科题，都有数学思维在起作用。

可是在我们那个年代，想要学好奥数并不容易，必须整天捧着一本满页文字和数学符号的课本。因此，大多数同学从一开始就被奥数的表象吓到了。如果有一套简单的奥数书，让大家都能感受到奥数的趣味，从此爱上数学，训练出出色的数学思维，那该多好啊！这套漫画书就是承载着我童年的小小愿望，飞跃了三十多年的时光出现在你们面前的。

真是遗憾，当年如果有这套书，估计全校至少一半的同学都能拿到那20分吧！希望小读者们能在我儿时梦想的书籍中，收获奥数的逻辑、数学的思维与求知的快乐！

老渔

2023 年 8 月

目 录

新口味薯片

·付钱的方法·

空

小乐，悠悠，跟我去超市采购啊！

老爸，我早上吃多了，现在不太舒服，就不出门了吧。

老哥，你的演技也太差了。

今天跟我去超市，可以让你自己挑选喜欢的零食。

扔

走吧老爸，还等什么！

哥哥，你怎么比我还善变啊。

老爸，说好的让我自己挑选零食呢？

可以买健康的零食，薯片油腻，不易消化，你刚才不是还说肚子疼？

那也不能一袋都不让我买啊！

这样吧，我出一道题，你和悠悠一起答。如果你比她先说出正确答案，就给你买一袋薯片。

太看不起我了吧，我肯定能赢过悠悠。

那可不一定哟。

你们看，我的钱包里有1张50元、4张20元、8张10元。在不找钱的情况下，有多少种不同的付款方式来买这箱80元的牛奶呢？

5

付钱的方法

面值

面值

　　人民币分为纸币和硬币。目前市面上流通的**纸币**面值有 100 元、50 元、20 元、10 元、5 元、1 元、5 角、1 角。

　　市面上流通的**硬币**面值有 1 元、5 角、1 角、5 分、2 分、1 分。

应用

　　在统计付钱的方法数时，可以使用**有序枚举**的方法，以表格的形式一一列出，做到不重复也不遗漏。

　　以下为用 50 元、20 元、10 元凑出 80 元的 7 种方法。

	50 元（张）	20 元（张）	10 元（张）
方法 1	1	1	1
方法 2	1	0	3
方法 3	0	4	0
方法 4	0	3	2
方法 5	0	2	4
方法 6	0	1	6
方法 7	0	0	8

十万支箭好说，你借我二十条船，我就能把这个问题解决了。

现在资源紧缺，我凑不出二十条船来。

船都没有，我拿啥去借箭！

一条船由 12 块船板连接而成，每块船板的四角由钢钉固定，所以一条船需要 4×12=48（枚）钢钉。十条船需要 480 枚钢钉呢，但我现在只有 260 枚钢钉。

我现在只有十条船，没有足够的钢钉来造剩下的十条船。

4 × 12 × 10 = 480

这可如何是好？

我有办法了！一条小船用 12 块船板，你将船板的接缝处进行重叠，就可以造出剩下的十条船了。

9

我问你，如果接缝的重叠处共用 2 枚钢钉，那么 2 块船板需要几枚钢钉？

仅需 6 枚钢钉，比原来少用 2 枚。

重叠处：共用 2 枚钢钉

$4 \times 2 - 2 = 6$

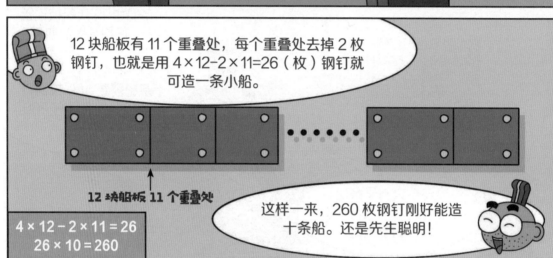

12 块船板有 11 个重叠处，每个重叠处去掉 2 枚钢钉，也就是用 $4 \times 12 - 2 \times 11 = 26$（枚）钢钉就可造一条小船。

12 块船板 11 个重叠处

$4 \times 12 - 2 \times 11 = 26$
$26 \times 10 = 260$

这样一来，260 枚钢钉刚好能造十条船。还是先生聪明！

几天后

出发，去借箭吧！

咔

妈呀，船坏了！

来人啊，快救我，我不会游泳！

抓

回到现实

重叠问题

概念

　　当两个计数部分有重叠时，为了不重复计算，要从总数中减掉重叠的部分。这样的问题就是**重叠问题**。

方法

步骤1：先不考虑重叠的情况，按每块船板需要4枚钢钉，计算钢钉总数。

$$4 × 12 = 48（枚）$$

步骤2：找出一个重叠处需要减去的钢钉数。

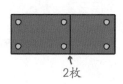

2枚

步骤3：找出重叠处的个数，用钢钉总数减去所有重叠处的钢钉，就是实际需要的钢钉数。

11个重叠处　　$48 - 2 × 11 = 26（枚）$

给鱼缸消毒

· 倒水问题 ·

唉，我们的宠物鱼又死了一条……

现在只剩下一条小鱼了，它看起来情况也不太妙。

可能是水质出了问题，瞧，我买回来一瓶宠物鱼专用的消毒液。

太好了！

快给咱家的小鱼倒上！

别乱倒，先看看说明书！

本品可用于给宠物鱼消毒，100升容积的鱼缸应配本品350毫升……

咱家鱼缸的容积正好就是100升。

说明书

快，找个可以称量的容器。

12

我只找到这个饮料瓶。

容量 250 毫升

我只找到这个旧奶瓶。

容量 150 毫升

好像都不合适，我们去买一个量杯吧。

小鱼可能坚持不了那么久了，我来估摸着倒好了！

这上面说了，本品必须精确配比，超量会有危害！

那怎么办？

别急，我有办法！

空盆

350 毫升就是 250 毫升 +100 毫升。

我们已经有了 250 毫升的容器，只需要再量出 100 毫升消毒液就可以了。

350 - 250 = 100

第一步，先把这个 250 毫升的饮料瓶装满。

第二步，把这 250 毫升消毒液倒进空盆里。

第三步，再次把饮料瓶装满。

第四步，也是最关键的一步，把饮料瓶里的消毒液倒进 150 毫升的旧奶瓶，直到奶瓶装满。你们算算，饮料瓶里还余下多少毫升消毒液？

250 - 150 = 100

我明白啦！饮料瓶里刚好还剩下 100 毫升消毒液，把这 100 毫升倒进盆里，我们就凑出 350 毫升消毒液了！

	250 饮料瓶	150 奶瓶	盆
第1步	250	0	0
第2步	0	0	250
第3步	250	0	250
第4步	100	150	250
第5步	0	150	350

250+100=350

……并分10天投入鱼缸中，以让宠物鱼逐渐适应，切不可一次性投入……

你怎么不早说！

快把鱼捞出来抢救！

说明书反面

悠悠，看看说明书后面有没有说多久能见效。

倒水问题

倒水问题属于生活中的趣味数学，解题关键在于利用不同容器的容积差，凑出最终需要的水量。

解题思路

?
→ 350毫升

饮料瓶　　奶瓶
250毫升　　150毫升

350 = 250 + 100

饮料瓶
250毫升

250 - 150

饮料瓶　　奶瓶
250毫升　　150毫升

操作步骤

①把饮料瓶装满消毒液。

②把饮料瓶中的消毒液倒进空盆，此时盆中有**250毫升**消毒液。

③再把饮料瓶装满消毒液。

④把饮料瓶中的消毒液倒进奶瓶，此时饮料瓶中还剩**100毫升**消毒液。

⑤把饮料瓶中的消毒液倒入盆中，盆中共有**350毫升**消毒液。

嘿！

老爸，我担心长大被人欺负，想学点功夫防身。

还用担心？你现在不就经常被我欺负吗？

您真厉害！能不能让这个孩子跟您学劈木头？

当然可以。

看见那根木头了吗？先拿它练手，用斧头把它劈成4段。

4 - 1 = 3

等等，不对。把一根木头劈成 4 段，只需要劈 3 次，不是 4 次！

对呀，妈妈曾经告诉过我，5 根指头 4 个缝儿。这是一个道理！

劈 3 次只要 60 分钟，正好赶上晚饭！

成功啦！

刚好 1 小时，还能走得动吗？去吃饭啦！

锯木头问题

概念　锯木头问题属于间隔问题的一种，判断**间隔数**和**物体个数**之间的关系的问题，就叫**间隔问题**。

公式

锯木头的次数 = 段数 − 1

锯1次　　锯2次　　锯3次

第1段　　第2段　　第3段　　第4段

胖爸爸砍价记

没礼貌，快捡回来!

看来质量确实不错。

那好，这球……

老爸，您要砍砍价啊!不然回家老妈肯定要唠叨!

老板，再便宜 15 元我就要了。

实话跟您说，我打八折能盈利 25%，再减 15 元，我亏大本了!

你打八折后卖 100 元，还能盈利 25%，也就是说成本是 80 元。我们 85 元买，你还赚了 5 块钱呢!

赚的这 5 块钱还不够吃早饭的呢!

老爸，这个成本是咋算的呀?

打几折是指在原价的基础上乘百分之几十，所以打八折就是 125 元乘 80%，等于 100 元，这便是现在的定价。老板说盈利 25% 指的是利润率，然后我们根据公式：

成本 = 定价 ÷ （1+ 利润率），

得出成本是 80 元。

点头

原来如此。

100 ÷ （1+25%） = 80

卖不卖？不卖我们就走了！

卖了！唉，5 元就 5 元，好歹开个张。

那是！老爸可是出了名的精明！

爸爸，您太厉害了！

你们也一定要学会计算成本，然后根据这个来砍价，这样老板就无话可说了……

瞧一瞧，看一看啊，开业大酬宾，足球大降价！

嗯嗯！

足球咋卖的啊？

原价 125 元，现在开业大酬宾，打八折！到手才 100 元。

经济问题

公式

基本公式	定价、成本、利润率的关系
定价 = 成本 + 利润	**定价** = 成本 × （1+ 利润率）
利润 = 成本 × 利润率	**成本** = 定价 ÷ （1+ 利润率）
现价 = 原价 × 折扣	**利润率** = （定价 ÷ 成本 −1）
（打几折就是原价的百分之几十）	×100%

解题思路

①计算定价（实际售价）

　　125 元打八折后，定价变成 125×80% = 100（元）；再让利 15 元，定价变成 100 − 15 = 85（元）。

②计算成本

　　打八折后的定价为 100 元，利润率为 25%。根据公式"成本 = 定价 ÷ （1+ 利润率）"，成本 = 100 ÷ （1 +25%）= 80（元）。

③计算利润

　　利润 = 定价（实际售价）− 成本 =85 − 80 = 5（元）。

一张丢失的海报

• 体育比赛中的数学 •

远大区第30届网球比赛

作为18年前网球比赛的冠军，爸爸被邀请作为本届网球比赛的特约嘉宾。怎么样，厉害吧！

特约是什么……是特别节约的意思吗？

特约是特地约请的意思，代表爸爸是很重要的人。

哇，那爸爸在这里负责的事一定很重要吧！

那当然！这里所有人的饮用水都是爸爸负责搬运的！

除此之外，我还负责给工作人员分发礼品！

负责这么多，爸爸好棒啊！

说了这么多，就是后勤嘛……

咦，这不是网球明星费大乐的签名海报吗？

对呀，这些海报是发给大赛中的淘汰选手和一些服务人员的，每场比赛都会发出去 3 张。

那有没有多余的？给我一张呗，我好拿到班里显摆显摆！

那我得算算，这次比赛是淘汰赛……

什么是淘汰赛啊？

淘汰赛就是每场比赛两人参加，输的一方被淘汰，不再参加后面的比赛；

胜利的一方接着进行下一场比赛，直到剩下最后一人成为冠军。

一共有 16 名选手，你算算，要进行多少场比赛呀？

我得画个赛程图，先是 16 名选手分成 8 组两两对决，输的人淘汰，赢的人再分成 4 组两两对决……

16 - 1 = 15
3 × 15 = 45

不用这么麻烦，我告诉你一个简单方法。因为每一场比赛都会淘汰 1 名选手，也就是说淘汰几名选手，就要进行几场比赛。

比赛最后只有 1 个冠军，其他选手都被淘汰了，所以需要淘汰 16 - 1 = 15（位）选手。

我知道了，要进行 15 场比赛，需要分发 3 × 15 = 45（张）海报！

你数数一共有多少张海报，如果有多余的，爸爸就帮你要一张。

太好了！

咦，怎么只有44张？不仅没有多余的，还少1张呢！

不会吧？！

我刚问过了，海报应该正好45张！会不会是你刚才数的时候弄丢了1张？

我、我也不清楚……

到底哪儿去了？

爸爸，哥哥，你们看我画得好看吗？

体育比赛中的数学

	淘汰赛	单循环赛
概念和公式	每场比赛输的一方被淘汰，不再参加后面的比赛；胜利的一方接着进行下一场比赛，直到只剩下最后一队成为冠军。 **总比赛场数 = 总队数 − 1** 1场比赛淘汰1队，即淘汰的队伍数与比赛的场数相等。	每两个队都要比赛一场，即每个队都要和其余所有的队分别比赛一场。 **每队比赛场数 = 参赛队伍数 − 1** 总比赛场数：从（参赛队伍数−1）开始，倒着依次递减相加，一直到1。

解题思路

①麦小乐的算法

　　按照16进8、8进4、4进2、2队决出冠军的淘汰赛进程分步计算，需要比赛的场数为8+4+2+1=15（场）。

②麦大叔的算法

　　每一场比赛都会淘汰1名选手，最终只有1个冠军，其余15名选手都被淘汰了，所以需要进行15场比赛。

洗衣粉大赢家

·鸡兔同笼问题·

第一届"鸡兔赛跑大会"现在开始！

笑死人！只听过《龟兔赛跑》，居然还有"鸡兔赛跑"。

妈妈让我们买哪个牌子的洗衣粉来着？

兔子长了4条腿，鸡才长了2条腿……肯定是兔子跑得快！

4 - 2 = 2

这可不一定，上次麦小乐回爷爷家……

不许说！

在这9只鸡和兔子中，猜中优胜者的观众可获得一等奖：洗衣粉一袋！

洗衣粉？我们要参加！

赢了洗衣粉回家交差，拿钱去买冰激凌……

9个头，24条腿……

这些鸡和兔子都被遮得严严实实的，根本看不出来哪只更强壮。

这还不简单？8可是我的幸运数字，就选8！

哈哈，我会算！

假设9只都是鸡，每只鸡2条腿，一共有18条腿。

$9 \times 2 = 18$

老爸，您是不是晒糊涂了，明明一共有24条腿呀。

别插话，好好听着！

各就各位，听我指挥：所有鸡和兔子，全部抬起2条腿！

悬空

$24 - 18 = 6$

现在地上只剩6条腿了。

大家仔细看，现在站着的都是兔子，而且，每只兔子只剩2条腿。

$6 \div 2 = 3$

我知道了，兔子一共有3只！

哼，那我也知道了，鸡一共有6只。

$9 - 3 = 6$

马后炮。

鸡兔同笼问题

概念	"鸡兔同笼"是我国古代的数学名题之一。基础的鸡兔同笼问题会给出**头的和**以及**脚的和**，问鸡和兔子分别有多少只。

解题思路

解决这个问题可以使用假设法。一共有9个头，证明鸡和兔一共有9只，假设这9只都是鸡，就应该有9×2＝18（只）脚。

现在有24只脚，比假设的情况多24－18＝6（只）脚，这些脚应该是属于兔子的。

一只鸡换成一只兔子，要多加4－2＝2（只）脚。

现在多了6只脚，证明要换6÷2＝3（只）兔子。

所以兔子有3只，鸡有9－3＝6（只）。

麦悠悠出走记

• 牛吃草问题 •

第二天

哥哥，我想回家了。

你才来了一天……

我想我的玩具、零食，还想妈妈……

你们女孩子变得太快了，昨晚还说讨厌妈妈呢！

你可是对所有人说了，要等到牛把那片草都吃光再走，现在回去可是很丢脸的！

是有点丢脸……可是，这些牛要什么时候才能把草吃光呀？

爷爷说家里有 15 头牛，一共需要 10 天才能把这片草吃光。

这么久！有什么办法能让牛吃快点吗？

我有个办法，在这儿等我一会儿！

看，我从张爷爷家借了 10 头牛过来，再加上爷爷家的 15 头牛，一共是 25 头牛，这样就吃得快多了！

太棒了！这 25 头牛需要吃多少天呢？

张爷爷说 10 头牛吃光这片草，需要 20 天；而爷爷的 15 头牛吃光这片草，需要 10 天……比较麻烦的是，这些青草每天都在长！

1头牛1天 ▌1份

10头牛20天 ⬛⬛⬛⬛⬛⬛⬛⬛ 200份 ①

15头牛10天 ⬛⬛⬛⬛⬛⬛ 150份 ②

我们得先算算青草的生长速度和原有的草量。可以将 1 头牛 1 天的吃草量设为"1 份"，那么①比②多的 50 份草就是在 20－10＝10（天）里长出来的，所以青草每天的生长量是 50÷10＝5（份），按第①种吃法计算，原有的草量是 200－5×20＝100（份）。

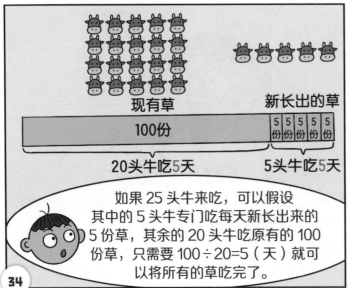

现有草
100份

新长出的草
5份 5份 5份 5份 5份

20头牛吃5天   5头牛吃5天

如果 25 头牛来吃，可以假设其中的 5 头牛专门吃每天新长出来的 5 份草，其余的 20 头牛吃原有的 100 份草，只需要 100÷20＝5（天）就可以将所有的草吃完了。

还要五天才能回去啊……

五天一下就过去了，很快你就能见到零食、玩具，还有妈妈了！

牛吃草问题

关键

解决牛吃草问题的关键，是把牛分成两队，一队去吃**草场已有的草**，一队去吃**每天新长出来的草**。

解题方法

设1头牛1天吃"**1份**"草。
10头牛20天吃的草：草场原有草+20天新长 = 10×20×1 = 200（份）
15头牛10天吃的草：草场原有草+10天新长 = 15×10×1 = 150（份）

将上述两个等式相减，可以算出10天新长的草为200-150=50（份）。

→

每天新长草
=50÷10=5（份）

草场原有草
=200-20×5
=100（份）

→

如果25头牛来吃草，假设5头牛专门吃每天新长出来的5份草，其余的20头牛吃原有的100份草，只需要100÷20=5（天）就能吃完。

早晨

你干吗呢？

啊！

咦？你尿床了呀！还尿了一只大孔雀！哈哈哈……

绕到后面

悠悠又尿床了呀，我记得昨天尿的是小白兔……

讨厌！不许说！

治疗尿床偏方……

哥哥，帮我做一杯可可水吧！

可可水？你不嫌苦吗？

可可粉

网上说，每天睡前喝一杯浓度为10%的可可水，就不会尿床了。

在哪儿看的乱七八糟的偏方……

大家都说很灵的！你就帮我做吧，我以后也帮助你还不行吗？

那好吧，反正喝点可可水也没什么。

给你，浓度10%的可可水！

谢谢哥哥！

可可粉

过了一会儿

我又看了一遍视频，人家说像我这样连续尿床的，要喝浓度是20%的可可水。你帮我把它的浓度变成20%吧！

什么？

这杯可可水是400克，里面含可可粉 400×10% = 40（克），含水360克。想要把浓度变成20%嘛，有两种方法！

哪两种方法？

400 × 10% = 4（
400 - 40 = 36（

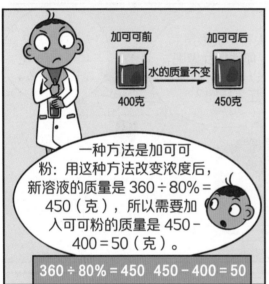

加可可前　加可可后

水的质量不变

400克　450克

一种方法是加可可粉：用这种方法改变浓度后，新溶液的质量是 360÷80% = 450（克），所以需要加入可可粉的质量是 450 - 400 = 50（克）。

360 ÷ 80% = 450　450 - 400 = 50

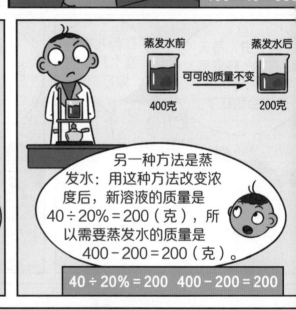

蒸发水前　蒸发水后

可可的质量不变

400克　200克

另一种方法是蒸发水：用这种方法改变浓度后，新溶液的质量是 40÷20% = 200（克），所以需要蒸发水的质量是 400 - 200 = 200（克）。

40 ÷ 20% = 200　400 - 200 = 200

蒸发水太麻烦了，还是加50克可可粉吧！

大晚上的喝这么多水！

那不是普通的水，是治疗尿床的偏方——可可水。

网络偏方不可信哟。

液体的浓度

	溶质	溶剂	溶液
概念	被溶解的物质叫溶质。	溶解这些溶质的液体叫溶剂。	把溶质和溶剂混合在一起形成的液体叫溶液。
	糖、盐、酒精	水、汽油	糖水、盐水、酒精溶液

公式

浓度是单位溶液中所含溶质的量。
溶质质量+溶剂质量=**溶液质量**
浓度=溶质质量÷溶液质量×100%　　**溶液质量**=溶质质量÷浓度

方法

将溶液浓度从10%提高到20%	保持水的质量不变，向溶液中加溶质。
	保持溶质的质量不变，将水蒸发掉一部分。

·工程问题·

41

好吧，我来帮你们一起干吧，这样咱们 12 点就能吃上饭了。

怎么可能？还有这么多家务，12 点根本干不完。

我来给你们算算，假设干完这些家务的工作量为 1，那么你们的工作效率是 $\frac{1}{6}$，我的就是 $\frac{1}{3}$。告诉爸爸，你们已经完成了多少工作量啊？

我们已经干了 3 个小时，完成的工作量是 $\frac{1}{6} \times 3 = \frac{1}{2}$，正好是一半。

现在还剩下 $\frac{1}{2}$ 的工作量。

$$\frac{1}{6} \times 3 = \frac{1}{2} \qquad 1 - \frac{1}{2} = \frac{1}{2}$$

那咱们三个的工作效率加在一起是多少啊？

$\frac{1}{6}$ 加上 $\frac{1}{3}$，等于 $\frac{3}{6}$。

也就是 $\frac{1}{2}$。

$$\frac{1}{6} + \frac{1}{3} = \frac{1}{2}$$

对喽！所以用剩余的工作量 $\frac{1}{2}$，除以咱们仨的工作效率 $\frac{1}{2}$，得到的工作时间是 1 个小时。

现在是 11 点，我们真的能在 12 点完成！

$$\frac{1}{2} \div \frac{1}{2} = 1$$

1 小时后

老爸，红烧牛肉呢？

饿死了……

来喽！

工程问题

概念

工程问题是研究**工作总量**、**工作效率**与**工作时间**三者之间关系的问题。工作总量一般可以看成单位1。

工作总量 = 工作效率 × 工作时间　　工作效率 = 工作总量 ÷ 工作时间

工作时间 = 工作总量 ÷ 工作效率

合作的工作时间 = 1 ÷ 工作效率之和

解题步骤

求出兄妹的工作效率：$\frac{1}{6}$ 麦大叔的工作效率：$\frac{1}{3}$	求出兄妹已经完成的工作量：$\frac{1}{6} \times 3 = \frac{1}{2}$ 未完成的工作量：$1 - \frac{1}{2} = \frac{1}{2}$	求出兄妹和麦大叔合作的工作效率：$\frac{1}{6} + \frac{1}{3} = \frac{1}{2}$ 合作的工作时间：$\frac{1}{2} \div \frac{1}{2} = 1$

图书在版编目（CIP）数据

数学超有趣. 第9册, 生活小问题. 1 / 老渔著. —
广州：新世纪出版社, 2023.11
　　ISBN 978-7-5583-3969-1

　　Ⅰ.①数… Ⅱ.①老… Ⅲ.①数学－少儿读物 Ⅳ.
①O1-49

中国国家版本馆CIP数据核字（2023）第180045号